AF581581

VOLUME 50

VOYAGER DANS LE TEMPS

LA RELATIVITÉ D'ALBERT EINSTEIN

Première édition

Carlos L Partidas

Copyright © 2021 Carlos Partidas
Dépôt légal N°: MI2021000238

ISBN: 979 8746 8904 67
SAPI DÉPÔT DE PROPRIÉTÉ INTELLECTUELLE : N° 8074
DU COMPENDIUM LA CHIMIE DES MALADIES
RÉPUBLIQUE BOLIVARIENNE DU VENEZUELA, 07/05/2010
Tous droits réservés

DEDICATION

AU GRAND SCIENTIFIQUE ALBERT EINSTEIN, LE PHYSICIEN QUI A A RÉVOLUTIONNÉ LA PENSÉE HUMAINE

SOMMAIRE

RECONNAISSANCE

À LA THÉORIE DE LA RELATIVITÉ, QUI PREND FIN, QUAND NOUS DÉCOUVRONS QUE L'UNIVERS ET TOUT CE QUI EXISTE DANS L'UNIVERS EST RÉEL ET QUE RIEN N'EST RELATIVE

1

LE TEMPS N'EST PAS RÉEL

Voyager dans le temps, comme s'il s'agissait d'une variable physique, n'est pas possible ; car cela ne peut se faire que mathématiquement ; ou bien nous pouvons nous transporter en arrière, uniquement sur une ligne de temps imaginaire. Par exemple, pour avoir une idée de la façon dont les événements se sont produits ; et en avançant sur cette ligne d'événements, pour connaître la probabilité de la façon dont les événements se produiront dans un temps que, statistiquement parlant, nous appelons futur. Mais le temps n'existe pas comme quelque chose de tangible, ou que l'on peut tenir dans nos mains de manière physique. Une horloge peut marquer un temps cyclique, qui est un temps créé par l'être humain pour commémorer les mêmes événements ; et il semble que nous ayons toujours les mêmes jours et les mêmes nuits, mais en réalité nous avançons sur des événements qui ne se répéteront pas.

Quant aux mathématiques, elles n'existent pas non plus, puisqu'elles ne sont qu'un moyen d'interconnecter deux ou plusieurs événements qui se sont produits dans le passé, ou bien ces événements ne peuvent exister qu'imaginairement dans le futur. Par exemple, nous pouvons savoir ce qui s'est passé entre deux points en plaçant les événements d'une manière mathématique ; et grâce à la logique analytique qui nous donne l'imagination, nous nous rendrons compte de quelle manière les événements auraient pu se produire. C'est-à-dire qu'au moyen des mathématiques, nous pourrons estampiller ou fixer de manière graphique une trajectoire ou une séquence d'événements, pour avoir une idée de la manière dont les événements ont pu se produire dans le passé.

Mais l'erreur est peut-être que la plupart des scientifiques pensent que, si tel événement ne peut être expliqué d'une manière ou d'une autre par une fonction mathématique, alors ils supposent la nullité de l'événement. C'est le cas du grand scientifique Albert Einstein, qui ne s'est pas rendu compte que la masse est une substance réelle, puisqu'il supposait que la masse serait imaginaire dans le cas où une particule pourrait se déplacer plus vite que la lumière ; mais évidemment, à l'époque d'Albert Einstein, ou même aujourd'hui, nous ne savons pas en détail quel est le comportement physique des particules élémentaires.

Mais, la logique puis l'expérience nous confirment que, en tant qu'esprits, nous pouvons nous déplacer avec une vitesse bien supérieure à celle de la lumière ; seulement, nous ne pouvons pas tous sortir du corps pour le corroborer, puisque, encore une fois, les scientifiques pensent que l'être humain est formé uniquement par la matière, mais l'esprit ne contient aucune forme de masse, puisqu'il est uniquement formé par l'énergie magnétique. Et c'est ce qui nous fait supposer de manière illusoire, que nous imaginons ou que nous pouvons voyager en arrière ou en avant dans la ligne d'un temps ; mais c'est une réalité que, nous ne nous déplaçons pas vers le passé ou vers le futur, mais que nous pouvons nous déplacer avec une vitesse supérieure à un rayon de lumière, quand nous prenons la vitesse des photons comme référence.

Par exemple, si quelqu'un se trouve à une vitesse nulle par rapport à un corps en mouvement, comme la Terre, cette personne percevra un événement cosmique, comme s'il s'agissait d'un événement qui, pour elle, est futur. C'est-à-dire qu'il est impossible de voyager à grande vitesse avec le corps physique pour pouvoir voir en avant, ces événements qui ne se sont pas encore produits. Mais il n'est pas non plus possible de voyager dans le passé pour voir les événements qui se sont déjà produits, puisque ce qui s'est produit n'existe plus, parce que l'évolution même de l'Univers effacera ces événements. Ou bien les événements se dissiperont presque aussitôt qu'ils se seront produits. La seule façon de fixer les événements serait de supposer que l'Univers est statique, mais un Univers statique ne peut pas exister, ce qu'Albert Einstein a compris lorsqu'il a essayé de calculer une constante cosmique, mais il s'est rétracté lorsque Edwin Powell Hubble, en 1929, a pu démontrer que l'Univers est en expansion. L'idée d'un Univers en expansion est déduite qu'elle a été proposée pour la première fois en 1927 par la capacité d'analyse du prêtre belge Georges Lemaître ; qui, par ailleurs, est le créateur de la théorie du Big Bang. Ainsi, nous ne pourrons voir que ce qui se passe réellement dans le présent, qui est un moment éternel.

Mais nous disions que les mathématiques ne sont pas réelles non plus, puisque, par exemple, nous savons que lorsque nous additionnons un 2 avec un autre 2, le résultat est une valeur qui représente un 4, mais nous ne pouvons pas avoir entre les mains un 2 ou un 4. Les différentes fonctions mathématiques et les combinaisons infinies entre les nombres n'existent qu'à partir du moment où l'idée des mathématiques surgit.

La seule chose physique qui existe réellement est la sphère ou la bulle où l'énergie de l'Univers est créée, ou à l'intérieur de laquelle les événements se produisent au moment même. Par exemple, à l'intérieur de la bulle qui forme l'Univers, l'énergie électronique et l'énergie magnétique sont générées ; la distance ou le rayon de la sphère de l'Univers, puisque à chaque instant qui passe, cette sphère devient plus grande, ou l'Univers ne cessera de croître une fois l'événement commencé. En d'autres termes, la distance et l'énergie sont des variables réelles ; et elles sont variables, car ces grandeurs changent à chaque instant écoulé. Par exemple, la relation entre le temps et la distance nous donnera la vitesse avec laquelle nous nous déplaçons dans l'espace, donc la vitesse est un résultat réel ; tandis que la masse, c'est-à-dire la matière électronique, est la même énergie électronique mais la masse est l'énergie électronique qui a été condensée par la force d'intégration des gluons. De telle sorte que l'énergie et la matière sont deux types de substances qui peuvent coexister de manière réelle et indépendante.

Mais l'énergie de l'Univers a été formée par la vitesse de rotation élevée de seulement un quantum d'énergie, c'est-à-dire ce que nous pouvons définir comme une quantité minimale d'énergie. Et cette déduction, représente le fait le plus transcendantal pour la pensée et l'histoire de l'être humain, qui a été réalisé par le grand scientifique Albert Einstein ; et cette réalité, a changé la façon de penser de l'être humain ; et en général, la perspective et l'histoire de la science physique et cosmologique.

Mais l'idée que la masse naît du mouvement de l'énergie, peut être visualisée de manière mathématique à travers une équation très simple, et peut-être l'explication du phénomène, exige certaines déductions du point de vue de la logique, c'est-à-dire, que tout ne peut pas être attribué au phénomène physique, en utilisant seulement une expression mathématique, puisque nous avons besoin de l'imagination pour visualiser à travers la logique, comment le phénomène réel s'est produit ou de manière physique.

Et la logique nous dit que, au début, il n'y avait qu'un quantum d'énergie qui a commencé à se déplacer au centre du néant. Mais un quantum d'énergie n'est qu'une définition mathématique pour commencer l'explication d'un phénomène physique réel. Mais, nous ne pourrons pas imaginer qu'un quantum d'énergie est quelque chose créé par quelqu'un, à cause de la petitesse d'un quantum d'énergie. Il serait donc impossible pour quelqu'un de très grand de créer quelque chose d'aussi petit, puisqu'un quantum, du point de vue physique, représente le néant. Ou nous pouvons dire, de manière pratique, qu'un quantum d'énergie représente le néant absolu.

Un quantum d'énergie a été défini par le physicien allemand Max Karl Ernst Ludwig Planck, afin de pouvoir relier de manière mathématique toutes les variables impliquées dans un phénomène énergétique ; en effet, tout système, aussi petit soit-il, doit être associé à une quantité minimale d'énergie. Ou nous pouvons dire que, la partie la plus petite ou minimale à laquelle un système minimum peut se désintégrer est le contenu de son énergie. Et la quantité minimale d'énergie contenue, ou à quoi nous pouvons réduire un système minimal, est précisément son quantum d'énergie.

Ou nous pouvons également le voir du point de vue de l'infinitésimal, qui nous donne une forme plus graphique ; puisque, un point représente la plus petite chose que nous pouvons concevoir dans l'espace minimum. Mais il serait impossible de pouvoir dessiner un point ; puisque, si nous essayons de le faire de manière physique en utilisant la pointe la plus aiguisée de l'objet le plus fin que nous ayons, cette tentative nous laissera dessiner un cercle bidimensionnel, même si nous sommes à la valeur infinitésimale. Mais de la même manière, nous ne serons pas en mesure de dessiner un point unidimensionnel. Il sera donc totalement impossible de dessiner un point physique, quelle que soit la façon dont nous essayons.

Ainsi, un point et un quantum ne peuvent être obtenus que mathématiquement. Par exemple, nous pouvons écrire l'équation de l'énergie d'Albert Einstein sous la forme $dE=dmC^2$. Ici, la constante de proportionnalité n'est pas la masse comme dans le cas de l'équation d'Isaac Newton (f=m.a) mais C^2 ; et C, c'est ce qu'Albert Einstein appelle la vitesse de la lumière ; mais, nous pouvons déduire qu'à l'instant initial il n'y avait pas de lumière, parce que les photons n'avaient pas été formés. Donc, le plus correct serait d'écrire l'équation d'Albert Einstein sous la forme différentielle : $dE=dmK$. Mais nous prenons l'équation d'Albert Einstein comme exemple, parce que, toute la masse qui existe ou que nous voyons dans le grand Univers, a été formée à partir du mouvement de l'énergie E. Et tout le reste qui existe dans l'Univers, est né de l'énergie qui émane du même Univers ; parce que l'Univers est un système qui se crée par lui-même. Ou bien nous pouvons conclure que, pour que l'énergie existe dans l'Univers, tout ce qui existe dans l'Univers doit être en mouvement constant.

Au temps zéro, ou avant la formation de l'Univers, il n'y avait rien ; puisque, après un instant t, l'équation de l'énergie d'Albert Einstein peut être écrite de manière intégrée sous la forme ΔE=ΔmK ; c'est-à-dire que, mathématiquement, nous pouvons écrire que : E_f-E_i=(m_f-m_i)K ; étant E_f l'énergie finale, E_i l'énergie initiale, m_f la masse finale et mi la masse initiale de l'événement ; c'est-à-dire que, ces variables représentent les conditions minimales de l'Univers naissant.

De telle sorte que, ce serait l'équation d'Albert Einstein appliquée au moment initial, ou à partir duquel l'Univers a commencé à se former ; puisque, à l'instant zéro ou t_0, l'énergie initiale était nulle, ou E_i=0. De même, la masse au point zéro était également nulle, ou m_i=0 à t_0 ; c'est-à-dire que l'Univers a commencé à se former à partir du néant absolu à partir de l'instant zéro ; puisque la masse m_0 ou relative, n'est apparue qu'à l'instant t, comme résultat du mouvement de l'énergie E. Et ce n'est qu'à un instant ultérieur que le temps est apparu ; ainsi, nous pouvons écrire l'équation d'Albert Einstein au premier instant ou à la valeur initiale du temps, qui est équivalente à $5,4x10^{-44}$ secondes. Ou bien, à un instant après le temps zéro, nous pouvons dire que l'énergie a acquis la forme que nous pouvons maintenant écrire mathématiquement comme : E_f=(m_f-m_0)K.

Mais la logique, encore une fois, nous dit que l'événement de la formation de la bulle d'énergie de l'Univers depuis qu'il a commencé à l'instant zéro n'est pas encore terminé ; même si un temps t de 13,8 milliards d'années s'est écoulé. Donc, nous n'avons pas encore atteint le temps final t_f ; c'est-à-dire que nous n'avons pas encore atteint la fin de l'événement, ou le moment où nous sommes dans ou avec un Univers avec une condition énergétique E_f.

Mais nous déduisons que nous ne pourrons pas atteindre ce point final, car l'Univers croît et forme l'espace au centre du néant absolu. C'est-à-dire que l'Univers croît rapidement sans bouger du centre comme une pâte dans le four pour former un pain ; parce qu'il n'y a pas de force qui s'oppose à la croissance de l'Univers, et donc nous déduisons que nous ne pourrons pas atteindre un point final dans le plus infini ; c'est-à-dire, un temps final t_f, ou où nous avons une énergie finale E_f, ou un état final de repos de l'Univers.

Ainsi, nous pouvons écrire que, $E_f=E$ et $m_f=m$ au temps $t_f=t$. C'est-à-dire, que $E=(m-m_0)K$. Mais nous remarquons ici, au moins 3 erreurs dans la déduction faite par Albert Einstein, qui sont des erreurs seulement du point de vue mathématique, ou nous supposons qu'Albert Einstein n'a pas analysé le phénomène sans la ressource auxiliaire des mathématiques : 1) m_i ; c'est-à-dire la masse à l'instant zéro ou t_0, est réellement zéro ($m_i=0$), mais à l'instant $t=5.4x10^{-44}$ secondes nous pouvons écrire que, la masse formée à cet instant était réellement m_0. 2) Albert Einstein, considérait que m_0 serait imaginaire au cas où une particule pourrait se déplacer plus vite que la lumière ; mais au début, la lumière n'existait pas ; et 3), le mouvement ne peut pas être relatif mais absolu, une fois que nous avons localisé le point zéro de l'Univers ; c'est-à-dire, le point initial, ou l'endroit où l'Univers a commencé à se former. C'est le seul point qui n'est pas en mouvement dans l'Univers ; c'est-à-dire que toutes les mesures que nous ferons, nous ne pourrons pas les faire de manière relative, mais de manière absolue, à partir du point zéro de l'Univers.

Et à partir de cet instant, les mesures ne peuvent pas être relatives ; ce qui laisse la théorie de la relativité d'Albert Einstein sans effet. Albert Einstein considérait que rien ne pouvait se déplacer plus vite que la lumière ; puisque, dans ce cas, la masse m_0 serait imaginaire ; mais, il existe des particules qui peuvent se déplacer plus vite que la lumière, ou celles qui se sont formées au début dans le petit espace de l'Univers naissant. Même l'énergie qui ne peut pas former de masse peut se déplacer plus vite que la lumière, comme l'énergie des esprits, qui peut se déplacer d'un endroit à un autre plus vite que la lumière, ou traverser une surface solide ou un mur sans être arrêtée par quoi que ce soit. Mais, c'est ce qui nous permet de voyager plus vite dans l'espace en ligne droite ; et nous pourrons voir, ces événements que pour quelqu'un qui roule à vitesse zéro par rapport à un corps en mouvement, il ou elle les verra comme des événements ou des faits appartenant à un temps, qui est en avant sur une ligne imaginaire ; c'est-à-dire dans le futur ; mais en réalité nous ne pourrons pas voyager de manière réelle sur une ligne de temps supposée.

Mais tout ce qui existe dans l'Univers est réel, donc rien ne peut être imaginaire. E_t de l'analyse de la quantité de mouvement ou momentum p=mv, Albert Einstein déduit que, la masse m, peut être calculée à partir de la masse m_0 par l'équation : $m=m_0/\sqrt{1-v^2/C^2}$. Mais, comme nous l'avons déduit, au début, il n'y avait pas de lumière, car les photons et les électrons n'étaient pas formés. Il n'y avait pas non plus d'objets contre lesquels les électrons pouvaient entrer en collision et former un faisceau visible de photons. De même, au début, il n'y avait pas d'esprits pour voir les événements qui se produisaient à cet instant. Ainsi, dans cet intervalle t, l'équation de la masse initiale de l'Univers est en réalité $m=m_0/\sqrt{1-v^2/K}$.

Mais il est évident que, seulement mathématiquement, si v^2 est plus grand que K, la masse m serait imaginaire, mais nous avons résolu la valeur de cette équation de masse et d'énergie d'Albert Einstein, en utilisant le nombre imaginaire i, en arrivant à une équation plus raisonnable de l'énergie impliquée à cet instant ou au moment initial de l'Univers : $E\nu=mK$. Mais, en réalité, c'est l'équation qui explique comment l'Univers s'est formé à partir de rien. Et comme pour la masse, elle est apparue par le mouvement de l'énergie. Dans ce cas, $K=C^3$; mais C, est le nombre de tours que la particule doit faire sur elle-même, de sorte que, avec ce mouvement de grande vitesse, la masse se forme à partir de l'énergie E. Et étant donné que, la particule se déplace de manière elliptique par un espace sphérique de taille d, en fait que K ou C^3, est la vitesse de rotation et de translation de la première particule ; ce qui, évidemment qu'elle se déplace avec une vitesse de rotation qui est beaucoup plus grande avec la vitesse à laquelle elle se déplace. De telle sorte que la vitesse de rotation est supérieure à la vitesse à laquelle se déplace un faisceau de photons, ou ce qui représente en ce moment la lumière visible. Ainsi, l'équation qui a formé et qui forme encore l'Univers est $E\nu=mC^3$.

En ce moment, la masse m, représente la masse de toutes les substances solides, liquides et gazeuses contenues ou existantes dans l'Univers ; c'est-à-dire, la partie visible et mesurable ; ou disons que, la masse m, inclut physiquement tout ce que nous pouvons voir, calculer et peser avec une balance dans l'Univers. Puisque, l'énergie électronique émanant de l'Univers est intégrée par la force électronique des gluons, pour condenser 50% de l'énergie électronique émanée, et former 4% de la masse électronique. Le reste est la masse que nous ne voyons pas, c'est-à-dire la masse et l'énergie sombre de l'Univers. Mais c'est ainsi que se sont formés, par exemple, les trous noirs, les galaxies, les nuages cosmiques, les soleils, les planètes et le corps de tous les êtres vivants qui existent sur Terre.

2

L N'Y A QU'UN SEUL UNIVERS

Mais nous imaginons que l'événement qui a marqué le début ou la formation de l'Univers a été un événement violent du point de vue énergétique et dans un espace aussi réduit ; par conséquent, nous pouvons penser que l'événement de la naissance de l'Univers a été vraiment chaotique, puisque, en un instant plus tard, apparaîtraient l'électron et le positron, qui ne diffèrent que parce qu'ils ont des charges électroniques de signe opposé. Et cela est logique du point de vue physique et énergétique ; ou du point de vue de la logique de l'événement, car si l'électron tournait de gauche à droite, par exemple, le positron devait tourner de droite à gauche, puisque, pour exister, les deux particules énergétiques devaient nécessairement être deux fermions ; c'est-à-dire qu'elles devaient tourner en sens inverse l'une par rapport à l'autre.

Ou encore, toute la masse qui existe dans l'Univers est négative, car elle n'est constituée que d'énergie électronique, alors que l'énergie magnétique est positive. Mais, l'énergie magnétique ou positive, s'unit sans s'intégrer ou se confondre avec l'énergie électronique négative, c'est-à-dire avec la matière. Par exemple, la masse électronique peut s'unir sans s'intégrer à l'énergie magnétique pour former des êtres vivants. Ou bien l'énergie électronique et l'énergie magnétique peuvent voyager sous forme de lumière, c'est-à-dire de rayonnement électromagnétique, mais en entrant en collision avec les gaz de l'atmosphère des planètes, ces ondes électromagnétiques se séparent sous forme de rayonnement électronique et de rayonnement magnétique, et l'énergie qui les unissait est libérée sous forme de chaleur. De là naissent les éruptions que l'on peut voir dans la couronne du Soleil, ou la chaleur qui est produite sur la planète Terre.

On pourrait penser que, lorsque deux particules qui ont exactement la même quantité d'énergie entrent en collision, comme dans le cas du positron et de l'électron, ces deux particules disparaissent après la collision. Mais, ce que nous trouvons comme résultat de cette collision est un rayonnement de haute énergie ou rayonnement gamma (ɣ), dont la valeur de l'énergie de ce rayonnement, ou celle qui a résulté de la collision, est exactement égale aux énergies de la masse au repos des deux particules ; c'est-à-dire l'électron et le positron ; mais nous croyons que les deux particules disparaissent comme s'il s'agissait d'un uroboros. Ce rayonnement après l'annihilation apparente est celui utilisé dans les tomographes à positrons, car la lumière est projetée à un angle opposé, c'est-à-dire que les deux rayons forment une séparation de 180 degrés. Et c'est pour la même raison, que les éruptions du Soleil sont projetées vers le haut, mais pas vers le bas ; c'est-à-dire vers l'extérieur et non vers la surface du Soleil.

Ce processus de conversion de l'énergie en masse et de la masse en énergie est réversible ; par conséquent, les deux ondes s'intègrent à nouveau sous forme de lumière ; et ces ondes résultantes peuvent être de faible énergie ; et, de cette façon, nous pourrons les voir dans le domaine visible. C'est-à-dire le domaine qui a normalement une valeur de longueur d'onde comprise entre 400 et 700 nanomètres. Les rayonnements dont la longueur d'onde est inférieure à 400 nanomètres ne peuvent être vus que par les enfants, tandis que ceux dont la longueur d'onde est supérieure à 700 nanomètres peuvent également être vus par les enfants, car les enfants viennent de l'obscurité de l'utérus et de l'eau chaude du placenta et peuvent donc voir et entendre dans une gamme de longueurs d'onde plus large. Par conséquent, seuls la plupart des enfants peuvent voir et entendre les esprits ou converser avec eux.

Mais, en ce qui concerne le rayonnement, la matérialisation de la masse à partir de l'énergie rayonnante se produira à nouveau ; ou lorsqu'un rayon d'énergie gamma seulement, nous croyons, est annihilé ; puisque, à sa place, une paire électron-positron apparaîtra à nouveau, et dont l'énergie totale de sa masse au repos plus l'énergie cinétique, est égale à l'énergie rayonnante qui a disparu. On suppose que dans cet événement chaotique, des particules de masse et de faible énergie apparaîtront également, ce qui explique la formation d'un rayonnement qui peut être capté dans le domaine visible par l'œil d'un être terrestre ; ou comme nous l'avons dit, ce domaine visible et infrasonique, est plus large pour les enfants que pour un adulte. Mais ce domaine visible explique aussi comment s'est formée la lumière, c'est-à-dire la lumière qu'Albert Einstein a pu observer.

Et à partir de l'énergie magnétique qui naît du mouvement de l'énergie électronique, cette énergie s'est agglomérée, et forme la partie que nous ne pouvons pas voir physiquement dans l'Univers parce que ce n'est que de l'énergie ; mais, l'énergie magnétique agglomérée, est l'énergie consciente de l'Univers, et c'est l'énergie qui forme les esprits. De telle sorte que, la matière électronique ne peut pas fonctionner sans l'énergie électronique ; ou disons que, l'énergie électronique, ne peut faire fonctionner que l'énergie électronique agglomérée ; c'est-à-dire, la matière électronique. Nous pourrons voir par exemple, le fonctionnement à travers la masse électronique avec l'énergie électronique, mais cette paire n'est pas consciente de son existence, c'est-à-dire, un téléviseur, un téléphone portable, une voiture, un avion, une télécommande, etc, ils fonctionnent mais ils ne savent pas qu'ils existent.

Alors que l'énergie magnétique, lorsqu'elle est unie à la matière électronique, donne vie à la matière électronique. Par exemple, l'énergie magnétique comme nous l'avons dit est ce qui anime tous les êtres vivants, dont les corps sont faits de matière électronique. Mais, l'énergie magnétique peut être séparée de la matière électronique du corps, lorsque la matière qui forme le corps, ne fonctionne plus comme un domicile ; soit par détérioration, vieillissement ou autre cause. Le vieillissement se produit, parce que l'énergie électronique qui forme le corps est changeante, et l'énergie magnétique de l'esprit se sépare du corps lorsqu'il ne fonctionne plus comme domicile, parce que l'énergie magnétique de l'esprit est éternelle ; c'est-à-dire qu'elle ne change pas avec le temps.

Ou nous pouvons dire que, la matière du corps sans l'énergie magnétique de l'esprit est sans vie, ou la matière électronique sans l'énergie magnétique ne peut pas fonctionner, et restera sans vie, quand elle n'a plus l'énergie magnétique de l'esprit. Ainsi, la matière électronique deviendra une matière électronique sans vie ; dans un processus naturel mais que nous appelons la mort. Alors que, lorsqu'elle se sépare, l'énergie magnétique de l'esprit restera vivante ; c'est-à-dire consciente de son existence et de l'existence de son créateur ; qui, évidemment, est le grand Univers.

Nous pouvons résumer que l'énergie magnétique est la force qui donne la fonctionnalité ou la performance à tous les êtres vivants qui existent sur la planète Terre, et parce qu'elle est une énergie consciente d'elle-même, l'énergie de l'esprit, peut vivre individuellement ou indépendamment n'importe où dans l'Univers ; disons, sur la Terre, les autres planètes créées par l'activité énergétique de l'Univers, c'est-à-dire, les étoiles, ou sur la surface du Soleil, mais pas dans la couronne solaire. Les esprits sont réellement des êtres vivants, mais ils vivent dans un état ou une condition énergétique individuelle, car les esprits ne peuvent pas exister sous une forme répétée ou deux esprits énergétiquement égaux ne peuvent pas exister, car, en se rencontrant, ils fusionneraient pour n'en former qu'un. Et l'énergie magnétique de l'esprit ne peut pas former de matière, puisqu'elle n'est qu'énergie magnétique.

On déduit qu'au début il n'y avait rien, et que le mouvement du quantum énergétique a commencé à se déplacer en créant l'espace minimum ; nous n'avions donc qu'un seul niveau quantique, et comme nous ne savons pas dans quel sens le premier quantum a commencé à tourner, c'est-à-dire que nous ne saurons pas si c'était de gauche à droite ou de droite à gauche, nous pouvons déduire que le mouvement du premier quantum énergétique était le mouvement qui correspond à un boson. Mais, deux bosons ne peuvent pas tourner dans le même sens au même niveau quantique, car les deux bosons s'uniraient pour former un seul boson de plus haute énergie, ou avec un contenu énergétique équivalent à la somme des énergies des deux bosons séparément. De telle sorte qu'au début, il n'y avait rien, et qu'un seul boson aurait pu être formé ; par conséquent, nous n'avons qu'un seul Univers.

Ensuite, à l'instant t, à partir du spin du premier quantum, cette grande vitesse de rotation du quantum a créé la masse m_0, selon l'équation $E=m_0K/\nu$, que nous pouvons actuellement écrire comme suit : $E=m_0C^3/\nu$; c'est-à-dire que la masse initiale à l'instant t, est $m_0=E\nu/C^3$; et immédiatement un deuxième quantum énergétique s'est formé à l'intérieur du petit espace, qui a donné naissance à l'Univers. Mais, comme nous l'avons dit dans le cas de l'électron et du positron, d'une manière générale nous pouvons dire que, la différence du mouvement avec les bosons est que, si une particule énergétique tourne à droite, l'autre doit tourner à gauche pour que les deux particules puissent coexister l'une par rapport à l'autre ; puisque, deux particules quantiques ne peuvent pas tourner dans la même direction et dans le même niveau quantique. Mais, ce mouvement des deux particules tournant en sens inverse, correspond aux deux fermions ; et à partir du mouvement des fermions, toute la masse qui existe dans l'Univers s'est formée, y compris la masse des corps de tous les êtres vivants qui existent sur Terre, qui se déplacent, grâce à l'énergie magnétique que l'esprit leur apporte.

De telle sorte que, dans l'unique Univers formé, n'existe de manière physique que la masse, l'énergie électronique qui se forme par le mouvement, l'énergie magnétique qui surgit comme résultat du mouvement de l'énergie électronique ; et, la distance qui devient de plus en plus grande du point zéro ou du centre de l'Univers. Alors que, lorsque le petit espace s'est formé, la distance minimale d est apparue, et entre ces deux extrêmes de la distance minimale est apparu le temps minimal t. Mais le temps t, est une fonction de la distance, qui est la partie physique de l'Univers ; et la relation entre t et la distance d, nous donne une idée de la vitesse ν avec laquelle une particule se déplace dans la sphère de l'espace créé. Et en considérant que la distance dans le petit espace est linéaire, alors $\nu=d/t$. Ou que $t=d/\nu$.

Cela signifie que, si nous parvenons à nous déplacer très rapidement, nous pouvons raccourcir le temps écoulé entre deux points de la même distance ; ou qu'avec la vitesse élevée pour parcourir la distance, nous pouvons diminuer le temps variable, que nous avons l'intention d'avancer ou de reculer ; mais, cela sera possible de manière imaginaire, seulement si nous considérons que, sur cette ligne, est associée la distance physique de l'espace. De telle sorte qu'il sera impossible de parcourir l'espace en avant ou en arrière sur la ligne imaginaire du temps sans utiliser la distance. Ou bien nous ne pourrons pas avancer ou reculer, sans vouloir parcourir la distance ; qui est une ligne réelle, car le temps n'existe pas sans la distance. Donc, nous ne pourrons pas voyager en avant dans le temps pour voir les événements futurs, parce que, en avant, il n'y a pas encore de distance.

Ainsi, à un certain point d, ou à un moment t, nous émergeons en tant qu'énergie consciente, parce que nous sommes de l'énergie réelle ; ainsi, nous serons capables de voyager à travers l'espace réel pour être en mesure de voir les événements qui se produisent dans l'Univers réel ; mais la taille de l'Univers est devenue très grande ; ainsi, afin de raccourcir le temps de voyage, nous devrons nous déplacer avec une grande vitesse.

Nous pourrons raccourcir le temps pour quelqu'un qui se déplace avec une vitesse nulle par rapport à un corps en mouvement. Par exemple, en voyageant sur la Terre ; ainsi, une telle personne ne pourra pas voir les événements qui se produisent dans l'espace de l'Univers, ou à une distance, dont la distance est située vers l'avant ; par conséquent, la personne veut être une diseuse de bonne aventure, mais confond la distance avec le temps.

Si nous sommes à vitesse zéro par rapport à la planète Terre, nous ne pourrons pas voir la distance devant nous ; mais si l'événement se produit à une distance d'une demi-année-lumière, quelqu'un qui est dans une forme spirituelle, peut parcourir cette distance en 55 secondes, tandis que quelqu'un qui est dans un corps, devra attendre 6 mois pour pouvoir voir le même événement. Ou pour entendre le son généré par l'événement, la personne qui se trouve sur Terre devra attendre 480 000 ans, car le son voyage à une vitesse inférieure à celle de la lumière vers nous, c'est-à-dire que le son arrive vers nous à 340 mètres par seconde. Mais les enfants, eux, peuvent entendre le son à 1 500 mètres par seconde ; donc, les enfants peuvent voir les images se déplacer très rapidement, ou ils peuvent voir une radiation avec une longueur d'onde inférieure à 380 nanomètres ou entendre les infrasons au-dessus de 750 nanomètres. Ou encore, disons que ce n'est que lorsque nous serons enfants que nous pourrons voir les événements à venir, concernant quelqu'un qui se trouve sur la Terre.

Le son a vraiment besoin d'un support pour être propagé et transporté ; par exemple, l'air. Mais, pour voir ces événements qui se sont produits il y a 55 secondes pour un observateur qui est sous forme spirituelle, lorsque nous sommes enfermés dans un corps physique, nous devrons attendre 6 mois pour voir les mêmes événements. Mais c'est cette qualité qui fait de l'informateur spirituel un diseur de bonne aventure, car l'esprit a pu voir les événements avant qu'ils ne se produisent pour celui qui voyage sur Terre. Ainsi, le voyage dans le temps pour quelqu'un sur Terre est vraiment un acte illusoire.

Nous ne pourrons voyager et parcourir une grande distance pour pouvoir voir les événements en avant ou en arrière que si nous parvenons à voyager avec notre corps énergétique ; c'est-à-dire que pour y parvenir, nous devrions quitter le corps de manière spirituelle pour pouvoir voir les événements qui se sont déjà produits. Puisque cela n'aurait pas de sens de se placer à l'extrême limite de l'Univers pour voir de là les événements qui vont se produire dans l'Univers ; et cela n'a pas de sens, parce que l'Univers croît de façon chaotique ; et l'énergie ne s'ajuste que lorsque l'énergie émanant du mouvement de l'Univers, cette énergie se condense sous forme de matière.

Mais, la connaissance est la seule chose qui nous libère des chaînes que la crédulité nous impose ; de telle sorte que, si nous n'avions pas la connaissance ; ou si nous savions que l'énergie devient matière et que la matière devient énergie, nous pourrions en déduire que c'est quelqu'un qui a créé, et mis en ordre ou en ordre tout l'Univers. Mais, l'ordre du mouvement est quelque chose de naturel, de même que le chaos, est la forme originelle de l'évolution à la périphérie de l'Univers, et la distance augmente, à mesure que l'Univers s'étend.

Nous pouvons calculer combien l'Univers pesait, au premier moment où l'énergie est devenue masse, puisque la distance peut être calculée comme la distance et le temps minimum de Max Planck ($d=1,6\times10^{-35}$ mètres et $t=5,4x10^{-44}$ secondes), c'est-à-dire que la vitesse v du quantum d'énergie était de $2,6x10^{8}$ mètres par seconde ; et l'énergie initiale était de 10^{16} GeV. Par conséquent, la masse initiale de l'Univers, m_0, était d'environ $2,0x10^{-22}$ kilogrammes.

Quant à la fin de l'ensemble de l'événement, nous ne pouvons pas encore dire qu'il s'est terminé, mais il ne se terminera pas non plus. Ainsi, l'Univers est, et sera à jamais éternel. Et la distance ou le diamètre de la sphère de l'Univers, nous ne pourrons pas dire qu'il est infini, parce que malgré qu'il soit très grand, l'Univers n'atteindra pas son équilibre thermique en un point situé au plus infini. De telle sorte que le rayon de la grande sphère de l'Univers sera de plus en plus grand, mais il ne pourra pas atteindre une distance finale dans le plus infini, car à chaque instant qui passe, l'énergie et la distance seront de plus en plus grandes.

Quant aux esprits, c'est-à-dire la forme consciente de l'Univers ; ou disons, la partie qui a la responsabilité de continuer le travail créatif de l'Univers, ou ce qui a été formé comme résultat de l'intégration de l'énergie magnétique, il ne peut pas être détruit ou désintégré, parce que seulement l'énergie électronique peut être transformée. De telle sorte que, les esprits ainsi que l'Univers, seront éternellement éternels. Mais les esprits, en étant conscients ou en se reconnaissant, ne trouveront pas la possibilité de s'annihiler. Il n'y a pas non plus de quantité de chaleur par rapport aux conditions initiales de l'Univers, ou qui puisse annihiler les esprits, parce que l'Univers, en se développant énergétiquement, perd de la température, bien qu'il gagne de l'énergie. Et nous pouvons stocker une grande quantité d'énergie à basse température ; ainsi les esprits ne pourront pas s'autodétruire ou s'annihiler les uns les autres, car l'Univers sans la partie consciente des esprits, serait comme un cimetière cosmique. La seule partie de l'Univers où la mort d'un être vivant est causée par un autre être vivant est ici, sur la planète Terre.

CONCERNANT LE TRAVAIL DE L'AUTEUR

Diplômé de l'École de chimie, Faculté des sciences, Universidad Central de Venezuela, avec un diplôme en technologie chimique. Études de troisième cycle en science et technologie des aliments. Travaux spéciaux sur la chimie des produits naturels et la chimie des maladies. Concepteur de processus chimiques. Livres que vous pouvez trouver sur Amazon.com® : "La chimie du cancer". "La chimie du diabète". "La crise cardiaque". "La maladie d'Alzheimer". "La chimie de l'arthrite". "La chimie de la pensée". "La chimie de l'esprit". "Comment l'Univers a été formé". "Les expansionnistes". "Pourquoi vous ne devriez pas manger de la viande". "Le monde micro". "Dieu existe-t-il vraiment ?". "Objection à la relativité d'Albert Einstein". "Deviner l'avenir". "L'erreur des grands scientifiques". "La vie sur le soleil". "L'univers avant le temps zéro". "L'énergie de l'esprit". "L'origine du cancer". "Le monde des cellules". "La chimie des maladies". "La particule qui a créé l'univers". La chimie du cancer, septième édition. La chimie du diabète, sixième édition ; La chimie de la crise cardiaque, quatrième édition ; "La chimie de la mémoire" ; La chimie de l'arthrite, troisième édition. "Le pouvoir créatif de l'esprit". La particule qui a formé l'Univers troisième édition. "La masse initiale de l'univers". "Vous ne devriez pas manger de viande". "L'origine du corps et de l'esprit". "Vénérer l'Univers". "Sucre un ennemi dans la cuisine".

www.ingramcontent.com/pod-product-compliance
Lightning Source LLC
LaVergne TN
LVHW041005150826
845672LV00002B/874